ESSAI

SUR

LA SURVIVANCE ET LA PRÉÉMINENCE

DES

PREMIERS-NÉS

COMME ORGANES ET FONCTIONS

PAR

A.-M. LANGLOIS

DOCTEUR EN MÉDECINE DE LA FACULTÉ DE PARIS

MÉDECIN ADJOINT DES ASILES D'ALIÉNÉS DE LA SEINE (Vaucluse)

MEMBRE CORRESPONDANT DE LA SOCIÉTÉ MEDICO-PSYCHOLOGIQUE

————

1879

ESSAI

SUR

LA SURVIVANCE ET LA PRÉÉMINENCE

DES PREMIERS-NÉS

COMME ORGANES ET FONCTIONS

ESSAI

SUR

LA SURVIVANCE ET LA PRÉÉMINENCE

DES

PREMIERS-NÉS

COMME ORGANES ET FONCTIONS

PAR

A.-M. LANGLOIS

DOCTEUR EN MÉDECINE DE LA FACULTÉ DE PARIS

MÉDECIN ADJOINT DES ASILES D'ALIÉNÉS DE LA SEINE (Vaucluse)

MEMBRE CORRESPONDANT DE LA SOCIÉTÉ MEDICO-PSYCHOLOGIQUE

1879

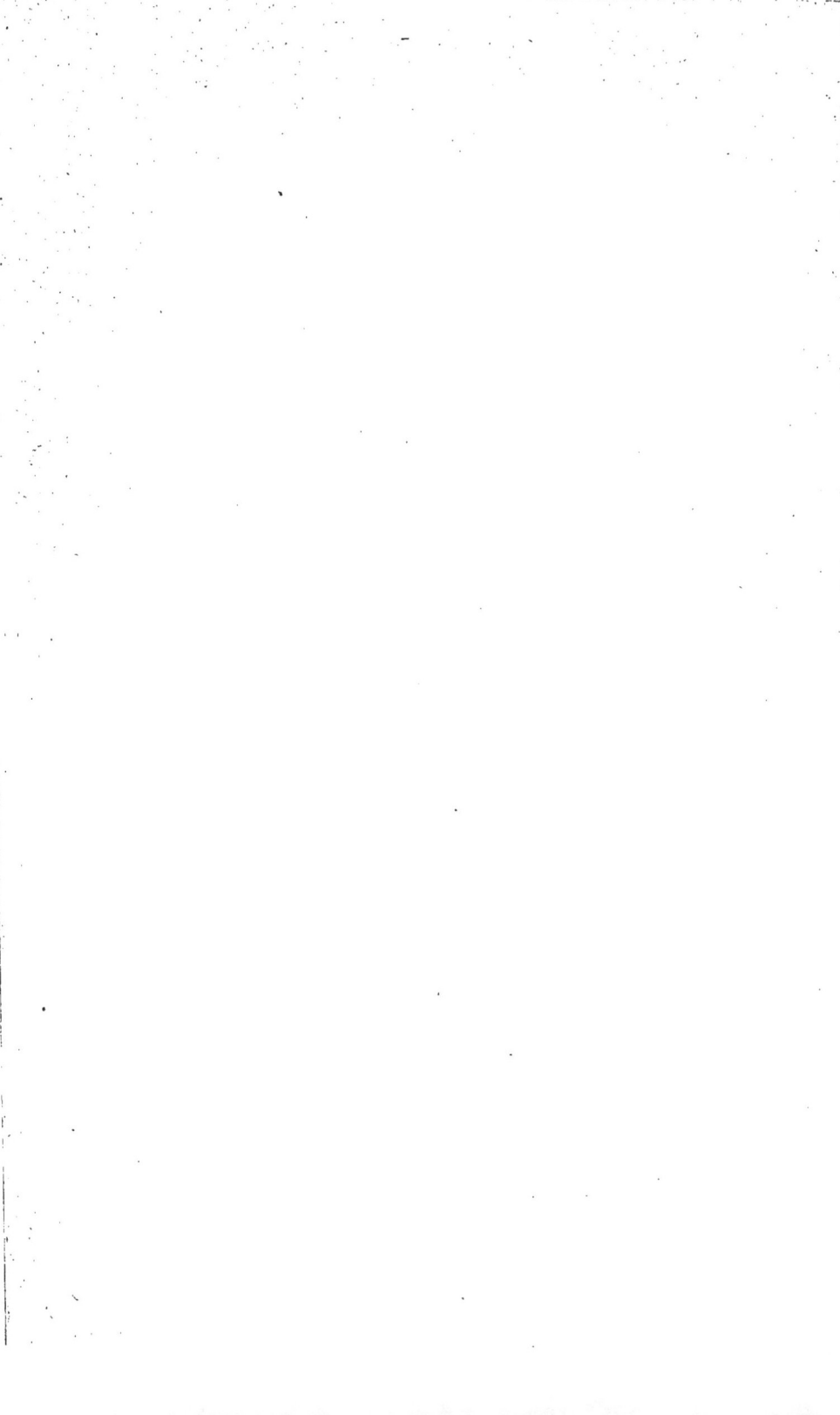

AVANT-PROPOS

———

La question de survie, presque impossible à résoudre dans l'espèce humaine, puisqu'elle ne repose que sur une convention passée entre médecins et jurisconsultes, présente un intérêt tout aussi grand dans l'économie animale.

En effet, il ne s'agit pas seulement d'héritages à recueillir, mais de connaître les organes ayant droit à la survivance, et de savoir quelles sont les raisons qui militent en faveur de cette prépondérance, au double point de vue de la viabilité et de la supériorité du fonctionnement.

Depuis longtemps j'ai remarqué que ces deux qualités sont souvent en rapport avec l'époque d'apparition embryonnaire de l'organe. Longtemps aussi j'ai cru

tourner dans un cercle vicieux, et si je me décide aujour-
d'hui à publier le résultat de mes recherches, c'est en
priant le lecteur de ne voir dans cet Essai qu'une
appréciation superficielle de la genèse particulière à quelques portions de l'organisme. Malgré l'insuffisance de
matériaux, il me semble qu'une étude comparée du mode
d'évolution naturelle de différents appareils, mérite de
fixer l'attention.

Si la doctrine du transformisme est vraie, je ne veux
l'appeler à mon aide que pour interpréter des phénomènes
d'embryogénie, et en tirer quelques conclusions. Je sais
combien un tel sujet est scabreux, aussi tâcherai-je d'être
circonspect dans mes déductions, et quand je m'occuperai
de la vie psychique, ce sera comme propriété inhérente
aux centres nerveux, tout en reconnaissant l'action indé-
niable de l'esprit sur la matière organisée.

Qu'on le veuille ou non, cette idée de la transformation
des organismes, qui effraye quelques esprits timorés et qui
blesse notre fierté, à cause de la provenance unicellulaire
attribuée à l'homme ; cette conception tire son origine des
temps les plus reculés. On trouve tout naturel qu'une
repoussante chenille devienne chrysalide, puis papillon
aux éclatantes couleurs ; que l'animal rampant s'élève
dans les airs, mais on se révolte dès qu'on porte atteinte
à la dignité humaine, rien qu'à la pensée d'une transformation possible, dans le type que nous sommes habitués
à considérer comme primitif et immuable.

Vanité puérile, source inépuisable de tant d'erreurs ! Cependant le prophète qui a dit : Souviens-toi que tu es poussière et que tu retourneras en poussière, invoquait en principe l'indestructibilité de la matière vivante, et admettait ses métamorphoses successives.

Retourner en poussière, est certes peu consolant pour le chef-d'œuvre de la création, et Shakespeare exprime cette maxime sous une forme plus brutale, lorsqu'il s'écrie : Quand on pense que le cerveau d'un César qui a fait trembler l'univers, sert en ce moment à boucher le trou d'un vieux mur !

Enfin, les sciences positives, la chimie en tête, se présentent armées de puissants moyens d'investigation et nous déclarent que :

Rien ne se crée, rien ne se perd, tout se transforme.

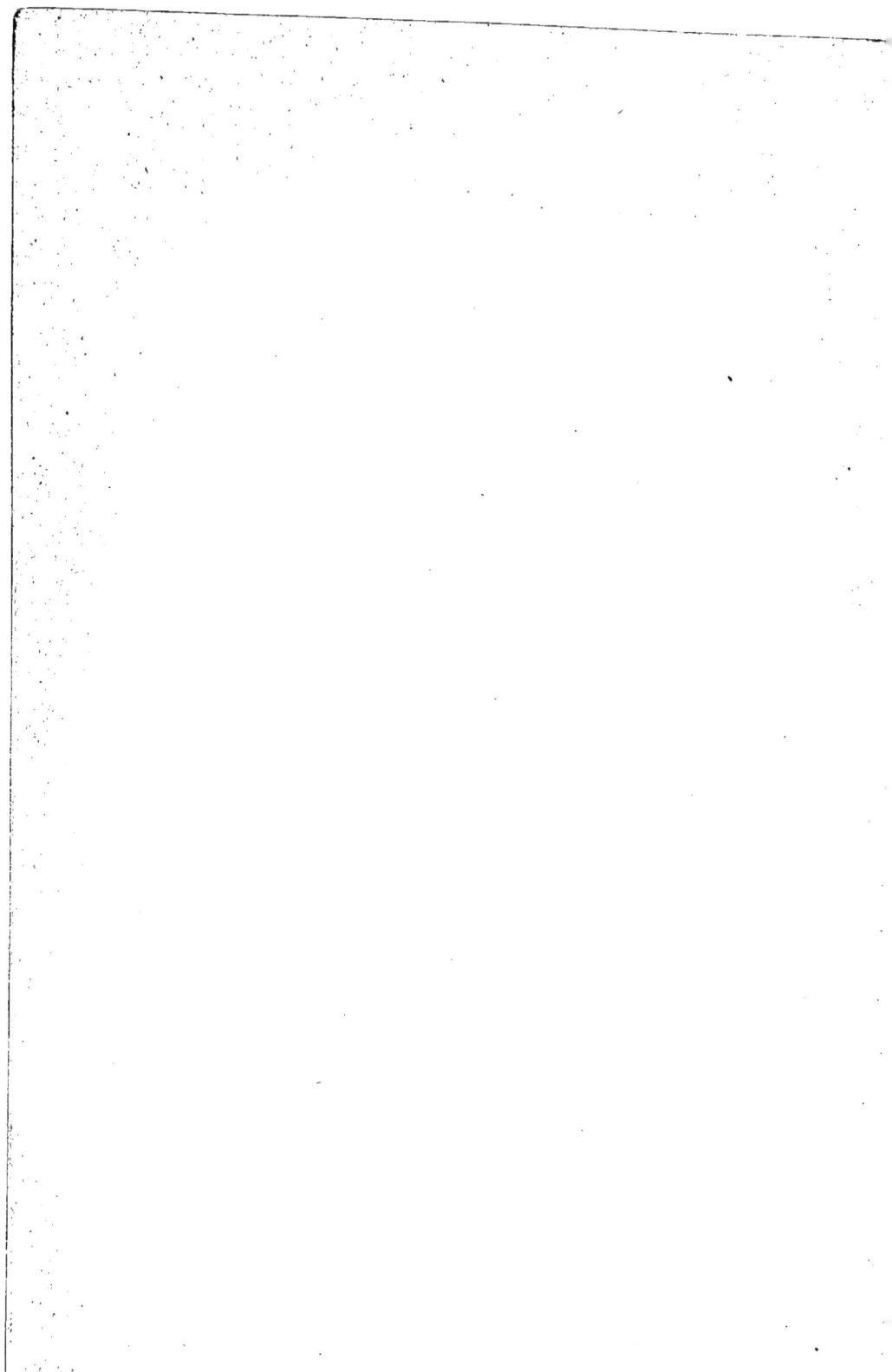

ESSAI

LA SURVIVANCE ET LA PRÉÉMINENCE

DES PREMIERS-NÉS

COMME ORGANES ET FONCTIONS

> Les physiologistes se sont occupés tout aussi peu des
> fonctions du développement, que du développement des
> fonctions. La première tâche de la physiologie de l'avenir
> sera de se dévouer à l'étude du développement des
> fonctions avec autant d'ardeur, avec autant de suite, que
> la morphogénie en a mis à poursuivre l'étude du déve-
> loppement des formes.
>
> (Hœckel.)

Ce n'est pas une loi physiologique que j'ai la prétention
d'établir; c'est une règle escortée de nombreuses exceptions et peut-être un simple corollaire découlant de l'hérédité sous ses diverses formes.

Je vais essayer de démontrer que certains organes sont
d'autant plus aptes à remplir plus *longtemps* et *mieux* leurs
fonctions qu'ils ont été formés plus tôt pendant la période
embryologique, et que de la date de leur naissance
dépendent leur vitalité et la supériorité de leur fonctionnement, tandis que ceux qui apparaissent plus tard s'affaiblissent et meurent plus vite.

Je vais d'abord examiner l'ordre de développement et

la mise en activité de quelques organes et systèmes chez le même individu.

Aux faits qui vont suivre, on peut en opposer de contradictoires ; mais il n'en reste pas moins avéré que les premiers existent et peuvent nous fournir des données intéressantes.

Il est bien entendu que dans l'intérêt de la question que je soulève, je n'irai, quant à présent, chercher un appui que parmi les types ou les groupes que nous sommes convenus d'appeler normaux, et que je ne prendrai pas mes exemples dans des familles dont la plupart des membres sont condamnés d'avance par une hérédité morbide, s'opposant à l'évolution régulière de l'organisme. Il faut également prendre soin d'éviter les causes déterminantes, les influences climatériques et même le genre de vie habituel, susceptibles de modifier, de faire dévoyer les organes en voie de formation ou de provoquer ensuite une dégénérescence et des arrêts de croissance.

Il existe une connexion si étroite, une sympathie si intime entre les appareils de l'économie, qu'un léger trouble survenu dans l'un d'eux retentit à distance et détruit l'équilibre indispensable au processus biogénique.

Plus loin, j'userai d'une méthode opposée et j'invoquerai le témoignage de la tératologie, de la pathologie et des arrêts de développement. Résumant le titre de ce travail, je puis dire : Les plus âgés fonctionnent les premiers, le mieux et meurent les derniers.

Dans ses œuvres, la nature procède d'une façon diamétralement opposée à celle employée par l'homme, qui fait d'autant mieux et d'autant plus stable qu'il y met plus de soin et de temps. Parfois ce qu'elle procrée d'emblée présente des caractères plus durables et des qualités supérieures.

Malgré ses moyens d'exécution, aussi variés que mystérieux, il est possible à l'observateur attentif de soulever un coin du voile dont elle s'enveloppe et de la surprendre en flagrant délit pendant un travail secret.

Afin d'arriver au but que je me propose, je vais citer quelques exemples frappants de l'influence de la précocité d'un organe sur sa durabilité et l'intégrité de sa fonction.

Etablissons donc qu'immédiatement après la procréation de l'individu nouveau, le grand moteur commun, le cœur, apparaît et se meut avant que l'examen microscopique le plus minutieux permette de constater la moindre trace de cellule nerveuse, et nous savons que les premiers linéaments de la structure nerveuse n'apparaissent pas avant le troisième mois de la vie intra-utérine (1).

Le docteur Laborde, dans un mémoire présenté à l'Académie de médecine, est arrivé aux conclusions suivantes :

1° Le cœur de l'embryon se met en mouvement et entre en fonction, à peine formé, et alors qu'il n'est constitué que par un simple tube renflé;

2° Dès la vingt-sixième heure de l'incubation, et peut-être plus tôt, on peut saisir les pulsations du tube cardiaque;

3° La pulsation cardiaque, dès son début, commence par la portion veineuse du cœur; c'est, en conséquence, par la partie qui sera plus tard l'oreillette que commence la pulsation. C'est également celle qui cesse de battre la dernière dans la mort du cœur.

L'*ultimum moriens* est donc en même temps le *primum se movens*.

_____

(1) Hœckel affirme que le notocorde est déjà ébauché.

4° Dans ses transformations morphologiques, successives, de même que dans son fonctionnement intrinsèque, le cœur de l'embryon, futur animal à sang chaud, représente le cœur d'un animal à sang froid ; cœur de poisson d'abord, cœur de batracien ensuite.

Nouvelle preuve des transmutations de la matière vivante, non seulement dans ses états, mais aussi dans ses formes, et donnant raison à Hœckel, lorsqu'il affirme que l'évolution de l'individu ou ontogenèse représente en miniature les phases parcourues par les groupes.

Le *primum se movens,* c'est-à-dire l'oreillette, conserve après la mort son énergie essentielle, la contractilité, le plus longtemps. Nysten a montré par ses expériences sur des cadavres de décapités que les contractions provoquées par l'électricité disparaissaient au bout de *quarante-cinq minutes* dans les parois du ventricule gauche, d'*une heure* dans celles du ventricule droit, tandis qu'on les observait encore après *seize heures* dans les fibres des oreillettes. Notons en passant que le cœur travaille mécaniquement sans le secours d'aucune cellule nerveuse, ce qui démontre surabondamment que le sang est l'excitateur indispensable. Même quand on tue le système nerveux moteur au moyen du curare, le cœur continue à palpiter.

Une preuve éclatante de cette assertion nous est fournie par les animaux en état de congélation, qui renaissent quand on les réchauffe graduellement. En Russie, on transporte à de longues distances des poissons *congelés,* roides et cassants, qui revivent même après quinze jours quand on les plonge dans l'eau. Il en est de même des crapauds, et il suffit de rendre à ces animaux leur eau d'*hydratation* pour les voir revivre. Le sang redevenant liquide sous l'influence de la température ambiante, occasionne une irritation mécanique sur les fibres cardiaques

qui se contractent; le cœur se meut, et secondairement
le système nerveux reprend son activité. Ces phénomènes
démontrent encore que la *reviviscence* commence encore
par le premier-né, le cœur, et que la cause du mouvement imprimé réside dans le sang. Par suite de la congélation, les fluides de l'économie étaient passés à l'état solide,
mais en conservant la même composition chimique. Au
moment de la liquéfaction, l'animal retrouve instantané-
ment les éléments nécessaires à sa nutrition. On peut
rapprocher ces phénomènes de reviviscence de l'expérience de Brown-Séquard, faisant revivre une tête phy-
siologiquement morte, au moyen de la transfusion du
sang. Le poisson congelé et la tête séparée du tronc
depuis plusieurs minutes, retrouvant dans le sang les
matériaux suffisants, les échanges se font, l'assimilation
et le mouvement; en un mot, la vie réapparaît.

Bien qu'il soit aisé de trouver dans les deux règnes
de la vie animale et végétale de nombreux exemples de
ce que j'ai avancé, je vais citer en premier lieu ceux
qui me paraissent les plus concluants, et je commence
par les plus intéressants qui ont rapport aux sens.

A ce propos, je ne sache pas qu'on se soit occupé
de rechercher suivant quel ordre les sensations premières
prennent naissance. Je vais donc tenter d'esquisser à
grands traits un tableau de leur généalogie et agiter la
question si importante de savoir quelles sont les impressions ressenties par l'enfant dans le ventre de sa mère et
suivant quel ordre elles se montrent.

Des sensations premières.

Tout ce qui paraît primitivement chez l'embryon persiste davantage que ce qui se développe tardivement, et
il en sera de même de la fonction. Ces chances de survie
et la prééminence du fonctionnement sont très remarquables pour les sens; mais avant d'entrer dans des
détails, il est nécessaire de faire en quelques mots l'historique de l'évolution du germe, sans toutefois remonter
jusqu'aux premières phases de la fécondation et de la
segmentation vitelline. Il suffit d'interroger l'ovule à partir
du moment où des éléments distincts peuvent être re-
connus.

L'individu nouveau provient en entier de deux feuillets.
Le feuillet germinatif primaire donne naissance aux organes de la vie de relation, et le feuillet germinatif secondaire à ceux de la vie organique.

Premier feuillet : vie animale.

Deuxième feuillet : vie végétative.

« Durant la période de développement du vertébré, les
» deux portions de l'appareil sensitif, *sensorium,* sont
» tout-à-fait séparées. Le tégument cutané revêt la surface
» entière du corps, le système nerveux central est situé
» profondément, il n'y a d'autre lien qu'une partie du
» système nerveux périphérique et les organes des sens.
» Pourtant le système nerveux provient du tégument ex-
» terne. Oui, ces organes des fonctions les plus hautes,
» les plus parfaites, des fonctions de la sensibilité, de la
» volonté, de la pensée, bref, les organes psychiques, les
» organes de l'âme proviennent du tégument externe ! Pour

» peu qu'on réfléchisse à l'évolution historique des acti-
» vités psychiques et sensitives, on trouvera nécessaire
» que les cellules douées de ces activités aient dû d'abord
» se trouver à la surface externe du corps. Seuls, des
» organes élémentaires extérieurement situés, pouvaient
» recueillir et percevoir les impressions du monde exté-
» rieur. Plus tard, les cellules cutanées devenues spécia-
» lement sensibles cherchèrent peu à peu, par sélection
» naturelle, un asile protecteur dans l'intérieur du corps
» et y formèrent le premier rudiment d'un organe nerveux
» central. La différenciation progresssant toujours, la
» distance entre le tégument extérieur et le système ner-
» veux central s'accrut de plus en plus. Et, enfin, ces
» deux portions de l'organisme ne furent plus unies que
» par les nerfs sensibles de la périphérie. Nul désaccord
» entre cette manière de voir et l'anatomie comparée.
» Cette science nous apprend que nombre d'animaux infé-
» rieurs n'ont point encore de système nerveux, tout en
» étant doués, comme les animaux supérieurs, de sensibi-
» lité, de volonté et de pensée. » (HŒCKEL, *Anthropogénie*.)

Cette longue citation était nécessaire, parce qu'elle
explique mieux que je ne l'aurais fait, l'origine de l'arbre
encéphalo-rachidien et sa cohésion initiale avec la peau,
qui plus tard en sera pour ainsi dire l'antipode. Vers le
milieu de la vie intra-utérine, la moelle épinière et les
extrémités cutanées communiqueront entre elles au moyen
de filets nerveux et électriques, comme aujourd'hui l'an-
cien et le nouveau monde.

D'après la précocité du fonctionnement que j'ai attribuée aux premiers-nés, le feuillet cutané ayant donné le
premier signe de vie, c'est le sens du tact (auquel on peut
rapporter tous les autres) qui doit le premier entrer en
fonction.

Examinons dans quelles conditions cosmiques se trouve le fœtus au moment où il lui est permis de ressentir une impression tactile. Emprisonné dans la poche des eaux, il ne peut pas plus sentir ni goûter le liquide amniotique que nous ne pouvons apprécier la saveur et l'odeur de l'air dans lequel nous vivons. Les eaux de l'amnios sont l'atmosphère du germe ; elles préexistaient et les sens de l'olfaction et de la gustation, formés dans ce milieu, n'ont pu être influencés, attendu que toute impression sensorielle exige, pour être perçue, au moins un terme de comparaison. Il en est autrement du sens du tact, et l'on conçoit aisément que les cellules dermiques enregistrent les sensations de chatouillement, de frottement et surtout des changements de température. Le froid produit par l'évaporation d'une goutte d'éther versée sur la paroi abdominale de la mère, occasionne aussitôt des mouvements de la part de l'enfant.

L'ouïe sera le second des sens à entrer en activité, parce qu'il se trouve placé dans des conditions suffisantes pour fonctionner. En effet, le fœtus plongé dans un liquide bon conducteur du son, entendra non-seulement les bruits extérieurs, mais tous ceux qui retentissent dans l'organisme maternel.

Si l'auscultation ventrale nous permet d'entendre distinctement le tic-tac du cœur de l'embryon, la réciproque est vraie et rien n'empêche que celui-ci ne perçoive les ondes sonores venant frapper la région hypogastrique. Il est même probable que les bruits internes sont si nombreux, que c'est un bourdonnement continuel, ne variant que dans son intensité et n'ayant d'autre résultat que d'exercer l'oreille et de commencer son éducation dès l'époque intra-utérine. Le sens auditif disparaît le dernier dans la mort naturelle et, comme je l'ai fait remarquer autre part (1), l'entourage des moribonds doit être très réservé sous ce rapport. Les agonisants entendent alors qu'on les croit privès de connaissance. Un exemple frappant de l'énergie fonctionnelle de l'audition se voit chez les cataleptiques qui, insensibles à tous les existants, ne sont plus en relation avec le monde que par l'ouïe et entendent les préparatifs de leur ensevelissement ainsi que les coups de marteau sur leur cercueil.

La nature commence douc par créer et mettre en jeu les deux sens les plus utiles, et nous nous trouvons en présence d'un nouveau facteur, qui vient se surajouter à la prééminence des premiers-nés : je veux parler de l'éducation de l'organe, qui sera d'autant meilleure, qu'il y aura été soumis plus jeune.

L'éveil donné au sens de l'ouïe s'accroît rapidement après la naissance ; l'enfant, dès qu'il le peut, tourne la tête, tend l'oreille, essaye de démêler les bruits et s'effraye facilement quand ils lui paraissent étranges. Ce sens est très accentué chez les idiots qui tous sont accessibles aux sons musicaux, à la manière des reptiles. Des crétins, qu'il est impossible d'effrayer en levant sur eux un bâton, en les menaçant d'une hache, sortent de leur impassibilité stupide, si on leur fait entendre de la musique. Ces infirmes de l'intelligence ont conservé, malgré l'arrêt de développement des facultés élevées, le sens qui a été éduqué le second pendant la période fœtale.

Voici un autre argument en faveur de ma théorie sur la prépondérance des premières sensations. La durée de l'acte intellectuel, suffisante pour apprécier une sensation, varie suivant l'appareil périphérique sur lequel est appliquée la stimulation. La réaction est plus prompte après

(1) *Contributions à l'étude du sommeil).*

une excitation faite au voisinage du cerveau qu'après une impression auditive, et plus prompte après une impression auditive qu'après une impression visuelle. Donders a précisé davantage ces différences et les représente par les fractions suivantes :

Tact : retard, 1/7 de seconde ; ouïe, 1/6 ; vision, 1/5.

Pendant la vie utérine, l'odorat, le goût et à plus forte raison la vue, sommeillent. Les deux premiers sont complémentaires l'un de l'autre ; un coryza suffit pour émousser le goût et quelquefois l'abolir. La sécrétion de la muqueuse est nécessaire à son fonctionnement ; une couche de mucus entraîne la suppression de l'olfaction et de la gustation, en s'opposant au contact des substances odorantes et sapides. Un état contraire, la sécheresse des muqueuses, produit un résultat analogue, les substances sapides devant être dissoutes avant d'impressionner les papilles gustatives. C'est donc au moment même de la première inspiration que le nouveau-né est capable de percevoir l'odeur de l'atmosphère qui est inodore pour l'adulte, par suite de la longue habitude. Chez l'enfant, le contact de l'air frais sur la peau et la muqueuse naso-pharyngienne provoque le cri initial, et, si l'odorat est alors susceptible d'apprécier l'odeur de l'air, il faut bien admettre que le goût y participera. Il est même probable que l'enfant, qui ne pouvait éprouver aucune sensation olfactive ni gustative, quand il baignait dans le liquide amniotique, ayant les cavités nasales et buccales remplies d'air, pourra mieux goûter le lait de sa nourrice. Je sais bien que l'acte de la succion est un phénomène réflexe, ayant pour point de départ l'introduction du mamelon entre les lèvres ; mais il y a également plaisir, car il suffit d'arracher du sein un animal qui tète pour la première fois, pour l'entendre gémir et le voir s'efforcer de reprendre possession du seul organe pouvant lui procurer les premières jouissances matérielles.

Pendant toute la durée de la gestation, la vision est nulle, les paupières sont closes et ne s'entr'ouvrent que quelque temps après la naissance. C'est l'organe fonctionnant le dernier, et en vertu de notre principe, il doit avoir peu de vitalité. Dans l'ontogénie de l'œil, la cornée transparente apparaît la dernière ; aussi commence-t-elle de bonne heure à s'aplatir, à se déformer et à nous rendre presbytes. Le cercle sénile, sorte de dégénérescence latescente intéressant sa circonférence, se montre souvent dès la cinquantaine. C'est à cause de son peu de vitalité, qu'aux approches de la mort, l'œil devient terne, flasque, et que parmi les organes des sens, c'est la fonction de l'œil qui s'affaiblit et s'éteint la première.

Durant le sommeil, c'est le seul des cinq sens qui repose complétement, tandis que les autres ne sont qu'émoussés, et cette intermittence dans le travail de l'appareil le plus précieux, est indispensable à son intégrité. Une lumière trop longtemps soutenue agirait comme une lumière trop vive ; la rétine deviendrait bientôt insensible aux couleurs. L'œil, ce superbe instrument d'optique, est le type de la différenciation histologique, et doit être considéré comme une collection d'organes jouant chacun leur rôle, tous englobés dans une membrane, et concourant à un but unique : favoriser les impressions lumineuses. La division du travail visuel explique le fonctionnement tardif de cet appareil.

La morphologie nous apprend que plus un animal est différencié, et moins il possède de puissance régénératrice, ce qui revient à dire que plus on remonte l'échelle des êtres, et plus le pouvoir reproducteur diminue. Une monade, une cytode, se reproduisent par bipartition réitérée presque indéfiniment ; les vers sectionnés régénèrent la partie amputée, mais la queue se reforme beaucoup plus vite que la tête, parce qu'elle est moins différenciée. Chez la salamandre, l'œil arraché renaît en entier, tandis que chez les mammifères, et en particulier chez l'homme, tout ce qui est supprimé (quand la perte intéresse plusieurs tissus, et surtout les muscles) est perdu à tout jamais et remplacé par un tissu cicatriciel à peine organisé. Le périoste peut, dans quelques circonstances pathologiques, rendre l'os ; mais ce n'est là qu'une hypergenèse de cellules osseuses, et un seul élément est renové.

Un nerf resequé se refait, et, comme le fait observer M. Ranvier, sa réfection parcourt de nouveau les phases par lesquelles il a passé *pendant la genèse fœtale ;* fait qui nous montre que ce sont les portions les premières formées qui se renouvellent d'abord en vertu de notre règle.

Poursuivons la série de nos exemples, en faisant intervenir de nouveau l'exoderme cutané, feuillet germinatif contenant les éléments primordiaux de la vie animale, et recherchons parmi ses propriétés vitales, celles pouvant servir notre cause. Les premiers rudiments du système pileux se montrent vers le cinquième mois de la vie embryonnaire ; le lanugo se laisse voir sur les sourcils et sur la face, surtout autour de la bouche, où il est *beaucoup plus abondant et plus long que sur la tête.* Or, tout le monde sait que, en règle générale, les cheveux blanchissent et tombent avant la barbe. Il n'est pas d'exemple d'une chute naturelle de la moustache ni des sourcils, et cela parce que c'est autour de la bouche et sur l'arcade surciliaire, que les poils sont nés les premiers.

Le droit d'aînesse n'est pas une fiction en morphogénie, et ceux qui le possèdent ne s'en laissent pas dépouiller aussi volontiers que le chasseur velu qui y renonça pour un plat de lentilles. Le combat pour la longévité, dont nous sommes le champ de bataille, se poursuit sans trêve ni merci ; les plus aptes conquièrent la survivance, et, quand un organe succombe dans cette guerre à outrance, c'est que les autres l'ont tué ou réduit à la famine, en s'emparant des approvisionnements qui lui étaient destinés. Dans l'inanition prolongée, le système nerveux seul ne maigrit pas et vit aux dépens de tous les autres ; l'estomac se digère lui-même.

Passons maintenant au feuillet germinatif secondaire, d'où provient la *chorda dorsalis,* notocorde cartilagineux, destiné à engendrer le squelette. Nous savons que ce système se montre relativement tard, que les premiers points d'ossification dans les masses apophysaires des vertèbres cervicales ne se développent qu'au deuxième mois de la grossesse, et que le tissu osseux ne sera complet que longtemps après la naissance. Comme c'est un des derniers nés, il aura une courte existence, et ses propriétés vitales, l'assimilation et l'accroissement, disparaîtront promptement.

Dès le commencement de la vieillesse, la charpente supporte difficilement le poids de l'édifice ; les os s'incurvent, se raréfient et deviennent d'une fragilité désespérante.

La composition du squelette nous amène insensiblement à nous occuper de la denture, qui est elle-même un excellent exemple. Quelles sont les dents les plus persistantes ? Evidemment les incisives, et de préférence celles de la mâchoire inférieure ; ce sont elles qui ont poussé les premières. Au contraire, les dents de sagesse, qui ne font guère leur apparition avant la dix-septième année, sont le type de la caducité. Si nous les perdons de si bonne heure, ce n'est pas par défaut d'usage et je ne vois d'explication plausible que dans leur naissance tardive.

Les ovaires proviennent de l'entoderme ou feuillet secondaire, et la menstruation s'établit très tard et disparaît dans nos climats avant la cinquantaine. Il en est de même des testicules, et ce n'est qu'après la puberté que les cellules spermatiques acquièrent le pouvoir fécondant, qui est de courte durée. Les parties sexuelles ne sont aptes à produire un travail productif qu'à la même époque, le sens génésique nous abandonne de bonne heure et la décrépitude des instruments de la copulation ne se fait pas attendre. On ne peut distinguer les sexes qu'à une époque avancée de la gestation. Jusqu'à ce moment, ils restent confondus ensemble sous le nom d'hermaphrodisme. « Chez beaucoup d'animaux, ces organes » s'atrophient pendant les intervalles du rut et cette atro- » phie existe au plus haut degré chez le moineau, ainsi » que chez le serin, la linotte et le pinson, mais non chez » le coq, qui est pubère en toute saison. » (Prévost et Dumas, *An. Sc. nat.*)

Le feuillet secondaire végétatif donne encore naissance aux mamelles, dont les glandes ne se développent que fort tard et les mamelons seulement après la naissance. Or, la lactation disparaît avec l'aptitude fécondatrice. Inutile de multiplier les exemples, qui sont tout aussi nombreux dans le règne végétal. Je n'ai signalé ceux qui précèdent que dans le but de faire comprendre le titre de ce travail.

Il est temps d'aborder une autre phase du développement des organes les premiers formés, laquelle ne sera que la continuation des mêmes idées, mais sur un champ d'observation plus vaste.

Jusqu'alors je me suis attaché à décrire l'évolution temporaire de quelques organes et appareils chez l'homme ; en un mot, j'ai fait de l'ontogenèse. Passant de l'accroissement progressif de l'individu à celui des familles et des groupes, je vais rechercher si les aînés conservent cette prééminence dont je les ai dotés, et voir s'ils se transmettent mieux et plus sûrement à leurs descendants que les organes et fonctions nés tardivement. Il faut s'assurer si leur précocité manifestera clairement sa prédominance dans la postérité, et rappelons à cet effet que nous avons prévenu au début de cette étude, que toutes ces considérations n'étaient peut-être qu'un corollaire de l'hérédité. Avant d'attaquer cette question, il est utile de citer deux lois de Ch. Darwin, très importantes au point de vue où nous nous sommes placés.

Hérédité aux périodes correspondantes de la vie.

Si un caractère nouveau apparaît chez un animal pendant qu'il est jeune, soit que ce caractère persiste pendant la vie, soit qu'il dure peu de temps, il reparaîtra, en règle générale, chez les descendants de cet animal et dans les mêmes conditions. Si, d'autre part, un caractère nouveau apparaît chez un individu à l'état d'adulte ou même à un âge avancé, il tend à reparaître chez les descendants à la même période de la vie. Lorsqu'il y a des exceptions à cette règle, c'est plutôt dans le sens d'un avancement que d'un retard.

Hérédité limitée par le sexe.

L'égale transmission des caractères aux deux sexes est
la forme la plus commune de l'hérédité, au moins chez
les animaux qui ne présentent pas de différences sexuelles
fortement accusées, et encore l'observe-t-on chez beaucoup de ces derniers. Il n'est pas rare que les caractères
se transmettent exclusivement au sexe dans lequel ils ont
d'abord apparu.

En résumé, nous pouvons dire : les caractères qui
apparaissent à un âge précoce et, à plus forte raison,
pendant la vie intra-utérine, tendent à se transmettre aux
deux sexes et ont par conséquent une *énergie vitale* plus
grande. Au contraire, ce qui se montre tardivement ne se
transmettra qu'à un sexe et aura moins de vitalité.

Quelques faits sanctionnés par l'expérience sont nécessaires, et je ne saurais mieux faire que de les emprunter
à l'illustre naturaliste anglais.

Chez toutes les espèces de cerf, une seule exceptée,
les bois ne se développent que chez le mâle. Chez le
renne, au contraire, la femelle porte aussi des bois.
Dans le premier cas, cette conformation apparaît tard,
neuf à douze mois après la naissance, tandis que dans la
famille des rennes elle se montre à un âge d'une précocité inusitée. Chez l'antilope à fourche, espèce où les
cornes restent rudimentaires chez la femelle, elles ne
paraissent que cinq ou six mois après la naissance. Chez
les moutons, les chèvres et le bétail où les cornes sont
bien développées chez les individus des deux sexes, on
peut les sentir et même les voir au moment de la naissance.

Le mâle et la femelle du paon diffèrent notablement l'un de l'autre, mais ils possèdent en commun une élégante crête céphalique, qui se développe de très *bonne heure*, longtemps avant les ornements qui sont particuliers aux mâles.

Le canard sauvage offre un cas analogue, car le magnifique miroir vert des ailes, qui est commun aux individus des deux sexes, mais un peu moins brillant et un peu plus petit chez la femelle, apparaît de fort *bonne heure*, tandis que les plumes caudales frisées et les autres ornements propres aux mâles ne se développent que plus tard.

Les exemples qui précèdent peuvent être appelés normaux, puisque, étant donnés des facteurs et des conditions semblables, ils se reproduiront de la même manière, à moins qu'il ne survienne une variation anormale, une déviation s'écartant brusquement du type primitif. Si nous pénétrons dans le domaine de la tératologie, nous verrons que notre règle se maintient et que les monstruosités apportent leur contingent de preuves.

« Les anomalies congénitales suivent dans leur évolution
» l'ordre du développement des organes; or, ce dévelop-
» pement n'étant pas simultané, les variations apparaissent
» à des époques variables, mais qu'elles ne peuvent ni
» devancer ni reculer. Pour les anomalies du cœur, par
» exemple, organe dont la complexité progresse jusqu'à
» la naissance, leur origine est d'autant plus reculée que
» le cœur anormal paraît plus simple. Quant aux membres,
» on sait que la main et le pied précèdent dans leur
» apparition le bras et l'avant-bras, la cuisse et la jambe;
» aussi les exemples ne sont pas rares d'individus nais-
» sant avec des mains et des pieds plus ou moins bien
» conformés, quoiqu'ils n'aient des autres parties des

» membres supérieurs et inférieurs que des rudiments
» tout à fait anormaux.

» Ainsi dans l'évolution primordiale de l'œuf et de
» l'embryon, chez les vertébrés, nous reconnaissons
» l'origine des anomalies *les plus éloignées* du type spéci-
» fique ; puis au commencement de la période fœtale
» apparaissent les abnormités qui représentent des ano-
» malies *moins éloignées* du type normal ; enfin, *après la*
» *naissance,* les déviations n'arrivent plus à constituer de
» véritables anomalies morphologiques, elles restent géné-
» ralement dans les limites de la variation. » (DAVAINE,
Monstres, Dict. Encyc.)

De même que les premiers-nés possèdent la survivance,
de même, quand une cause perturbatrice aura produit
chez eux une anomalie ou un arrêt de développement,
ces difformités auront d'autant plus de chances d'être
transmises aux descendants, qu'elles dateront chez les
ascendants d'une époque plus reculée ; telles sont les
anomalies du cœur, la polydactylie, le bec de lièvre, la
gueule de loup, etc. Si ces variations ne sont pas toujours
cédées à la première génération, c'est qu'elles sont
mitigées par le second procréateur ; mais elles restent
latentes, à l'état de gemmules, et réapparaissent à un
moment donné pour constituer l'hérédité en retour ou
atavisme. Prenons deux exemples parmi les monstruosités
par défaut : un individu vient au monde avec la main
complète tandis que l'avant-bras est atrophié et incapable
de servir. Un autre naît avec un avant-bras bien conformé
mais sans main. La cause perturbatrice remontera à une
époque embryologique beaucoup plus ancienne dans le
second cas, et offrira plus de certitude d'être héréditaire.
A propos de ce genre de difformité je dois relater un fait
remarquable que j'ai pu observer à l'Asile de Dijon.

Il s'agit d'une idiote microcéphale ayant le bras et l'avant-bras droits normaux, mais totalement privée de la main. Un moignon congénial et charnu recouvrait les extrémités du radius et du cubitus, et la peau offrait, à l'examen, cinq ongles à l'état rudimentaire, mais très apparents ; les quatre supérieurs étaient implantés suivant une ligne courbe, et le cinquième, situé un peu au-dessous, répondait à l'insertion du pouce absent.

Les ongles n'étant qu'une annexe de la peau, cette anomalie est une preuve péremptoire de la vitalité que j'ai attribuée aux organes les premiers formés ; dans le cas actuel il y a une solution de continuité énorme : toute une main manque, et les ongles se sont quand même développés, sans extrémités digitales, sans matrice ; parce que l'exoderme ou tégument cutané est le grand aîné de tous les tissus animaux. Si ma mémoire n'est pas infidèle, c'est, je crois, le docteur Legros qui est parvenu à greffer de la pulpe dentaire sur le cou d'un chien et à assister à une véritable dentition. La greffe épidermique, l'autoplastie, la transplantation de l'ergot du coq sur sa crête, sont des résultats faciles à obtenir. Mantegazza cite un phénomène plus surprenant : l'ergot d'un coq inséré dans l'oreille d'un bœuf s'accrut pendant huit ans, il mesurait alors 24 centimètres et pesait 396 grammes.

Si on veut bien se reporter à notre proposition concernant la viabilité des tissus les plus anciens, tout en se souvenant que l'ergot n'est qu'un appendice du *derme*, on verra que, transplanté dans la peau de l'oreille d'un animal d'une autre race, l'ergot se retrouve dans le milieu le plus propice à sa nutrition, au sein de cellules mères, parmi de vieilles connaissances provenant du feuillet germinatif primitif.

Un fragment de cordon nerveux placé sous la peau d'un animal contracte des rapports avec les parties voisines et passe par les mêmes phases de restauration autogénique. M. Bert coupe la patte incomplètement développée d'un jeune rat, la dépouille de sa peau et l'introduit sous la peau d'un autre rat; cette patte vit, se nourrit et se développe. C'est grâce à l'homogénéité primordiale de ces cellules qui toutes, soit cornées, nerveuses et dermiques, sont sorties d'une souche commune, le tégument cutané, que ces greffes si différentes continuent à vivre et à croître dans l'intimité du derme.

Donc rien d'impossible à ce qu'après avoir scalpé le crâne d'un animal, on ne puisse le recouvrir avec la peau et même la toison d'un agneau fraîchement écorché.

Cette énergie de vitalité, qui est le propre des premiers constitués, n'étant qu'une résistance opiniâtre à la désassimilation et la résorption, pourrait peut-être jeter quelque clarté sur ces anomalies autositaires, qu'on découvre parfois dans le ventre d'une femme, sous la forme incompréhensible de kystes, renfermant un peloton de poils, de cheveux, et même un doigt! il faudrait alors admettre qu'une cause perturbatrice puissante aurait empêché le développement de tout le reste du fœtus ou provoqué sa résorption, laissant un groupe de cellules primordiales, des feuillets germinatifs primaires, bénéficier seuls de la loi d'accroissement.

« Dans le cours de l'évolution ontogénétique, des organes » en entier peuvent rétrograder par suite de la dégéné- » rescence graisseuse et de la fonte des cellules qui les » constituent. C'est ainsi que chez l'homme et les mam- » mifères supérieurs on voit disparaître, durant la phase » embryologique, certains cartilages, certains muscles. » Les organes si intéressants, qu'on qualifie de rudimen- » taires, sont des parties ainsi dégénérées, des ruines

» organiques qui ont inégalement descendu l'échelle
» régressive. » (Hœckel.)

La disparition des reins primitifs, du thymus, confirme
cette manière de voir. Mais alors il y aurait donc, dès la
fécondation de l'œuf, des cellules ayant un rôle tracé
d'avance? les unes seraient prédestinées à engendrer la
peau et ses annexes, et les autres à former divers appareils,
sans pouvoir se suppléer ou se substituer les unes aux
autres, même dans des parties homologues du germe.

Cette hypothèse n'a rien d'irrationnel, et dans le cas de
notre idiote sans main, l'œuf aurait été complet, à l'exception des cellules indispensables à l'évolution des éléments
histologiques de la main, et avant tout du tissu osseux.
Il faudrait remonter jusqu'à la fécondation de l'ovule, et
cela reviendrait à dire que les anomalies et les abnormités
par défaut et par excès, reconnaissent pour cause première
un arrêt ou un excès de croissance dans l'ovule fécondé
ou la cellule fécondante, et quelquefois dans les deux.
Ce seraient alors deux procréateurs infirmes, dont le produit ne saurait être normal.

Il faut bien se convaincre que, si l'ovule peut être
fécondé à divers moments de son évolution, la constitution
anatomique et sexuelle du germe dépend du degré de
maturité. M. Thury, de Genève, fit saillir des vaches
tantôt au commencement, tantôt à la fin de la période de
rut, et obtint dans le premier cas des veaux femelles,
dans le second des veaux mâles. L'expérience fut recom-
mencée par un agronome suisse, M. Cornay, qui, vingt-
neuf fois sur vingt-neuf cas, réussit à produire à volonté
tel ou tel sexe (1).

Lorsque le produit de la conception est remarquable

(1) Cl. Bernard. *Des Phénom. comm. aux végét. et animaux.*

par ses formes, il est probable qu'au milieu de la grappe ovarienne, c'est le grain le plus mur qui bénéficie de la fécondation la plus précoce et que les autres, devenus inutiles (excepté dans les grossesses doubles, triples), sont ensuite balayés par le flux menstruel.

La vie est un accroissement ayant pour point de départ la reproduction sexuelle, qui n'est autre elle-même que la conjugaison de deux cellules. De la constitution des deux ou simplement de l'une d'elles, dépendront la conformation de l'individu nouveau, ainsi que certains états morbides héréditaires. Il est impossible à la cellule procréatrice de se soustraire aux influences régnantes dans l'organisme ; imprégnée de principes morbifères elle en dépose le germe, et la tache germinative est en même temps la tache originelle indélébile. Aussi voyons-nous les alcoolisés engendrer des épileptiques, les saturnins des idiots, des choréiques, et les syphilisés transmettre à leurs descendants les conséquences désastreuses de leur infection.

L'accouplement des sexes est un acte beaucoup plus sérieux qu'on ne le pense généralement, il est sous la dépendance des conditions du *moment*. Accompli mollement, avec indifférence, il ne donnera pas un rejeton bien vigoureux, il sera pareil à celui d'un vieillard, et semble donner raison au proverbe, qui prétend que les enfants de l'amour sont plus robustes et plus beaux. Une ivresse passagère n'est pas comparable à l'alcoolisme chronique. Il faut encore prendre en considération la qualité des *ingesta ;* une ébriété due à un vin généreux n'aura pas les mêmes effets que celle occasionnée par l'absinthe et des alcools inférieurs et frelatés.

C'est ce que j'appellerai *l'hérédité du moment,* étant persuadé que la liqueur prolifique est susceptible, comme le sang, d'une intoxication transitoire.

Pourquoi le spermatozoaire et l'ovule seraient-ils privés de cette affinité élective dont on gratifie les corps bruts? Quoi de plus merveilleux que cette force d'attraction s'exerçant entre ces molécules hétérogènes qui se combinent d'après des lois bien définies. De quel nom appeler ce pouvoir inconscient, mais réel, permettant à un acide de s'emparer des bases qu'il rencontre et d'avoir sa favorite, de chasser de sa combinaison un autre acide et d'être lui-même déplacé ensuite! Et ces dédoublements de sels, et ces combinaisons que le chimiste effectue suivant des proportions connues d'avance, qui les régit? Quand Bertholet formula ses lois, il dut penser que le règne minéral est aussi le théâtre de la polygamie, de la séparation de corps et du viol.

Qu'on me pardonne cet écart, je reviens à mon sujet en passant rapidement en revue quelques cas pathologiques soumis aux lois de l'hérédité.

La *vitalité morbide*, si toutefois on peut associer ces deux mots, présente d'autant plus de vigueur dans son essence qu'elle remonte plus loin et qu'elle a affecté les organes de meilleure heure. Les maladies constitutionnelles, les diathèses les plus incurables, telles que la syphilis, le cancer, la scrofulose, le rachitisme, certaines blépharites et ophthalmies, sont congénitales et persistent toute la vie.

On peut ajouter que plus une maladie héréditaire aura une origine ancienne et mieux elle se transmettra aux enfants.

Les symptômes et les lésions pathologiques seront également plus graves.

Deux femmes sont enceintes, la première de deux mois, la seconde de six mois. A ce moment, toutes les deux contractent une syphilis constitutionnelle. N'est-il pas certain que l'embryon de deux mois aura des accidents beaucoup plus graves en venant au monde que le fœtus de six mois, qui pourra déjà mieux supporter l'inoculation ou réagir contre le virus, et ce n'est pas la seule déduction ressortant de ces deux exemples. En supposant que ces deux rejetons syphilisés vivent et procréent plus tard, la progéniture du premier sera certainement plus éprouvée que celle du second. Dans ces circonstances, il faut faire abstraction de la différence de tempérament pouvant exister, ainsi que du traitement qui pourrait être institué.

Ce qui est moins connu, c'est l'échéance des héritages morbides aux périodes correspondantes de la vie. Cependant la phthisie en fournit de nombreux exemples, et il est assez fréquent de rencontrer des familles dans lesquelles tous les enfants meurent à une époque à peu près fixe, coïncidant avec la date de la mort du père ou de la mère, et le plus souvent la devançant.

L'aliénation mentale est féconde en résultats de ce genre. Tous les médecins d'asiles ont dans leurs établissements : les ascendants, les descendants et des collatéraux, qui sont devenus aliénés à des époques déterminées par l'hérédité. Le plus souvent, les héréditaires sont tombés malades avant leurs parents. Il faut alors se souvenir de la première loi de Darwin, qu'il termine en disant : que, lorsqu'il y a exception à la règle, c'est plutôt dans le sens d'un avancement que d'un retard.

Je vais rapporter d'une façon très succincte quelques observations que j'ai recueillies à l'Asile de Dijon et qui ont été déjà consignées dans un de mes rapports médicaux. Elles sont remarquables aux titres suivants :

1° L'éclosion de la folie a eu lieu chez les descendants à des époques correspondantes de la vie ;

2º Le délire était semblable ;

3º Il existait une grande ressemblance physique.

Ce qui peut se résumer ainsi : Eclosion de la folie aux mêmes époques de la vie et analogie du délire chez des membres d'une même famille qui étaient physiquement semblables.

M. D... était atteint de lypémanie profonde avec hallucinations, terreurs imaginaires, mutisme volontaire et refus de la nourriture. Guérison, puis récidive peu de temps après. A peine était-il sorti de l'Asile, qu'on nous amenait sa sœur, présentant la même forme de délire mélancolique. Elle recherche l'isolement, refuse de répondre aux questions les plus bienveillantes, elle entend des voix qui lui défendent de manger. Guérison, récidive ; amélioration très notable, puis rechute. Or, le frère et la sœur sont à peu près du même âge, tous les deux sont grands, maigres, bruns et ayant une parfaite uniformité dans les traits du visage et l'habitude du corps.

Même ressemblance physique chez les demoiselles C..., deux vieilles filles, les deux sœurs, qui sont atteintes de lypémanie religieuse. Ce sont deux gémisseuses, hallucinées, fatigantes par leurs réclamations absurdes et d'une mobilité extrême dans leurs idées. Elles se trouvent ensemble à l'Asile, et bien qu'elles soient séparées, il faut en même temps recourir à l'alimentation forcée.

Le nommé Ch... et sa sœur, frappés d'aliénation mentale dans la même année, pourraient être pris pour deux jumeaux ; même taille, même allure, même figure de fouine aux petits yeux gris, animés d'un regard sournois. Caractères hypocrites et impulsifs exigeant une surveillance continuelle. La folie a débuté chez eux par des instincts cruels et sanguinaires. La sœur a coupé le cou à un petit chat avec un mauvais couteau, et cela lentement afin de le faire souffrir plus longtemps. Le frère s'emparait de petits oiseaux qu'il torturait en leur brisant les membres à plusieurs reprises, en ayant bien soin de ne pas les achever, pour les faire périr de douleur et de faim.

A Saint-Dizier, j'ai connu deux idiots, deux frères, que l'on prenait souvent l'un pour l'autre, vivant paisiblement au milieu des autres malades, éprouvant une profonde aversion l'un pour l'autre, poussant des cris de bête fauve et se mordant à chaque fois que j'ai voulu les rapprocher.

Chez ces héréditaires, nous retrouvons la ressemblance physique et mentale, et comme j'essaierai de le démontrer plus loin, deux physionomies identiques correspondent à une architecture osseuse analogue de la face, laquelle indique une similitude dans la conformation crânienne et, par suite, dans celle du cerveau. Quand deux jumeaux se ressemblent au point d'être confondus à chaque instant; quand ils ont les mêmes goûts, les mêmes défauts, les mêmes aptitudes, il est naturel de penser qu'ils sont à peu près égaux en qualité et quantité cérébrales. Si ces deux êtres deviennent aliénés au même âge et présentent une variété de délire uniforme, surtout si c'est du délire partiel, il faut bien admettre qu'un même rouage intellectuel est détraqué dans le mécanisme de la pensée; qu'une même région cérébrale circonscrite était prédestinée à subir la première les influences morbides. Deux graines exactement semblables, semées dans le même terrain, produiront des plantes pareilles. Il en est de la folie comme de la germination, qui n'attend pour éclater que les conditions suffisantes de chaleur et d'humidité.

Si nous interrogeons les centres nerveux sur la date de leur naissance, nous verrons que la moelle épinière apparaît d'abord, puis le cerveau primitif, qui est constitué par un simple renflement, d'où naissent successivement les cinq ampoules destinées à engendrer l'encéphale tout entier. La moelle ayant pris naissance la première, ses fonctions doivent être plus précoces et plus durables ; ce qui est effectivement. L'enfant remue automatiquement vers le milieu de la vie intra-utérine, et les convulsions terminales, qui accompagnent toujours la mort par hémorrhagie, en sont encore une preuve. Souvenons-nous qu'au début de la première période embryologique, le tégument cutané et les centres nerveux ne formaient qu'un tout à peine différencié. Ces deux éléments, la peau et la moelle, quoique très éloignés plus tard et seulement en communication par un réseau nerveux (fibres centripètes et centrifuges), ont, après la mort, une action réciproque et sont le siége de phénomènes réflexes d'une intensité incomparable, à cause de leur mode de développement primitif et simultané dans l'exoderme. Cette affinité entre cellules jumelles nous explique comment un tronçon du nerf lingual, transplanté sur la peau de l'aine d'un animal, peut se régénérer. Après la décollation il suffit, chez un animal qui vient d'être sacrifié, de mettre en contact un bout de nerf et un muscle pour obtenir une contraction.

L'expérience suivante est encore plus décisive. « Le » bras droit du supplicié se trouvant étendu obliquement » sur le tronc, la main à 25 centimètres de la hanche, je » grattai la peau de la poitrine avec un scalpel, au ni- » veau de l'auréole du mamelon, sur une étendue de » 10 à 11 centimètres, *sans intéresser* les muscles sous- » jacents. Nous vîmes aussitôt le grand pectoral, le bi- » ceps, puis le brachial antérieur et les muscles couvrant » l'épitrochlée se contracter successivement et rapidement. » Le résultat fut un mouvement de rapprochement de

» tout le bras vers le tronc, avec rotation du bras en
» dedans et demi-flexion de l'avant-bras sur le bras, vé-
» ritable mouvement de défense, qui projette la main du
» côté de la poitrine jusqu'au creux de l'estomac. »
(Ch. ROBIN.)

Les groupes des circonvolutions cérébrales, qui doivent
prédominer dans la suite, apparaissent les premiers. Les
couches grises, siége' des facultés élevées, précèdent les
autres couches et finissent par les englober. Néanmoins,
leurs activités propres, telles que la mémoire, l'imagina-
tion, le jugement, s'affaiblissent de bonne heure, avant
même que la décrépitude physique ne survienne et que
l'homme retombe en enfance. La mémoire surtout commence à s'émousser à une époque prématurée, et ce fait
semble en contradiction avec notre règle de la survie
accordée aux premiers formés. Mais, en y réfléchissant
bien, on s'aperçoit que si la couche corticale est de première formation, il n'en est pas de même de son éducation, de sa vie psychique, qui exige, pour l'incommensu-
rable quantité de notions à amasser, à emmagasiner, une
période très longue. Dans ce cas, le fonctionnement complet de l'organe ayant commencé tardivement s'épuise vite.
Au contraire, les aptitudes non acquises persistent davantage.

Quoi qu'il nous en coûte, il faut bien l'avouer, l'instrument des facultés les plus nobles s'habitue à travailler,
à penser, comme le plus humble des organes de la vie
végétative s'accoutume à sécréter. Une gymnastique intellectuelle lui est aussi fructueuse que l'exercice aux
muscles, et des observations nombreuses nous apprennent
que la culture intellectuelle est le seul moyen d'augmenter
le volume du cerveau. Son énergie potentielle est la résultante des forces vives de la digestion et de l'assimilation.

Et il suffit que les produits de la désassimilation ne soient pas promptement éliminés pour que son fonctionnement soit enrayé. D'ailleurs, ce n'est pas le cerveau qui pense, c'est l'organisme tout entier.

L'enveloppe osseuse crânienne étant de *formation posté-rieure* aux centres nerveux, et s'étant fidèlement moulée sur eux, peut nous révéler des indications spéciales. Le moule étant connu, on peut se faire une idée du modèle et apprécier le contenu.

On observe chez les idiots un arrêt de développement qui porte sur le système nerveux central et dont se ressent toute l'organisation. La plupart sont rachitiques, scrofuleux ; la boîte osseuse est mal conformée, asymé-trique ; la voûte palatine est rétrécie, perforée et cette lésion accompagnée de nasonnement. La seconde dentition ne se fait pas ou imparfaitement ; on rencontre deux grosses incisives au lieu de quatre, souvent vingt-huit dents au lieu de trente-deux ; parfois des canines déme-surément longues, et l'on est tout étonné de voir des mains bien proportionnées, surtout chez les imbéciles.

Je crois trouver la raison de ce fait qui paraît surprenant à première vue, en ce que la main étant le siége d'une ossification très précoce, pendant la gestation se développe bien avant le reste du corps, et que s'il survient une cause retardatrice, elle n'a plus les moyens d'exercer son action funeste d'une manière aussi efficace. Le crâne est au cerveau ce que la gangue est au diamant. Dernièrement le docteur Lasègue attirait l'attention de ses confrères sur la malformation de la base du crâne et de la face chez les épileptiques. Cette ossature vicieuse est d'une haute valeur. Elle nous apprend que si les reliefs sont défectueux, la pièce sur laquelle ils ont été modelés est loin d'être elle-même irréprochable. D'un autre côté, si le dépôt des

couches osseuses suit exactement les contours de la masse
encephalique, il ne faut pas pour ce motif conclure à la
véracité de la théorie de Gall. En effet, à une protubérance
externe ne correspond pas toujours une éminence cérébrale. Le système des bosses pourrait déceler des indices
importants, sans un élément qu'il ne faut pas négliger, la
dure-mère, membrane résistante, tendue et unie, qui
s'oppose aux empreintes du cerveau sur la table interne
du crâne. La pie-mère embrasse intimement les circonvolutions et semble les protéger mieux que la dure-mère,
c'est une erreur. Cette dernière méninge, qui ne mérite pas
son nom, est la sentinelle avancée qui lutte contre l'en-
vahissement des phosphates dans les anfractuosités. Sans
elle, des lamelles calcaires, sorte de stalactites, s'interpo-
seraient entre les circonvolutions et seraient une cause
de danger permanent, tout en gênant les mouvements
d'ascension et de translation du cerveau.

Faisons quelques pas en arrière pour nous occuper
encore une fois des idiots, et rappelons ce que nous avons
vu au sujet de la transmission des impressions nerveuses
dans *les sens,* tout en nous souvenant de leur ordre de
développement embryonnaire.

Tact : retard, 1/7 de seconde ; ouïe, 1/6 ; vision, 1/5.

Ce sont donc les premiers-nés dont le fonctionnement
est le plus rapide, et comme la rapidité de la réaction sert
à mesurer l'acte cérébral, on peut en conclure, en parlant
du cerveau lui-même, que plus tôt il sera complètement
constitué et mieux il fonctionnera; ce qui est vrai pour la
partie l'est pour le tout. Cette proposition nous rend compte
de la diminution de propagation du fluide nerveux dans un
système cérébro-spinal retardé pendant son évolution
primitive, et nous explique la lenteur, la paresse des
conceptions chez les idiots et les imbéciles.

Cette diminution de la marche de l'agent nerveux, du transbordement des sensations périphériques aux centres percepteurs, varie suivant les individus. Elle a même été signalée chez les astronomes sous le nom d'*équation personnelle ;* il est notoire que les observateurs chargés de pointer le passage d'un astre devant le fil de la lunette méridienne mettent dans leur évaluation un retard constant pour la même personne, mais variable avec les différents calculateurs.

Ce phénomène, qui est la mesure exacte du temps écoulé entre l'impression de l'image sur la rétine et le moment où l'observateur a conscience de cette image objective, témoigne en faveur du titre de ce travail ; l'œil fonctionne le dernier parmi les cinq sens et s'affaiblit le premier.

Il est peu probable que les savants en question soient sujets à un retard anormal et notable dans les perceptions tactiles et auditives. Ce serait cependant à examiner.

Chez les infirmes de l'intelligence, on peut apprécier approximativement la durée d'un mouvement réflexe déterminé par une stimulation. Il suffit en leur causant, de détourner leur attention et de les piquer ou de les pincer, et souvent il se passe de une à plusieurs secondes avant qu'ils ne portent la main à l'endroit lésé. Ces degrés d'insensibilité sont très marqués jusqu'à l'analgésie complète.

Si, par des transformations lentes et successives, le type humain actuel doit aller en se perfectionnant, la différenciation des organes ira en progressant, et les centres nerveux gagneront en quantité et qualité.

De même que l'électricité se dépose à la surface des corps, de même la vie psychique siège dans les couches corticales. A volume égal, plus un cerveau aura de circonvolutions et plus il sera intelligent ; ces plis, ces replis, n'ayant d'autre but que d'augmenter la surface des couches grises, pensantes. Le cerveau des idiots est lisse. Si ma théorie a du vrai, comme je l'espère, la sélection sexuelle aidant, les premiers - nés comme organes et fonctions, profiteront d'abord de l'hérédité double, leurs aptitudes natives en bénéfieront, et, les couches grises étant de première formation, seront également les premières à s'accroître en exhaussant le degré intellectuel.

S'il nous est défendu à l'heure présente, de comprendre un homme autrement constitué que nous-mêmes, il est bien évident que nous ne connaissons presque rien de la composition chimique et de la structure inextricable de l'encéphale. Pouvons-nous, en effet, analyser les échanges multiples, les combinaisons gazeuses qui s'effectuent, à l'état naissant, sous un crâne ? Pouvons-nous deviner quels seraient les effets physiologiques produits par quelques millièmes de phosphore en plus ?

Est-il donc absurde de penser que dans des milliers de siècles ou de périodes anthropologiques, un type nouveau ne parviendra pas à s'incorporer, à s'assimiler un nouvel atome reversible avec usure sur sa descendance ; lequel atome, soit corps simple ou composé, ne changera pas du tout au tout les propriétés essentielles et les attributions du nouvel organisme ?

Supprimez un atome et le monde s'écroule, disait Spinosa. Ne peut-on dire également, ajoutez un atome et l'économie animale est transformée. Le sol étant modifié, des idées nouvelles pourront germer.

Est-il encore absurde de croire que l'homme de science et l'artiste, l'orateur et le poète, ont une conformation cérébrale toute différente ? Tout en reconnaissant l'influence capitale de la culture intellectuelle, que deviendrait sans cela ce qu'on est convenu d'appeler la vocation, c'est-à-dire cette impulsion irrésistible, entraînant un cerveau humain dans la voie qui doit être, entre toutes, la plus féconde en résultats ?

La vocation est la résultante des aptitudes naturelles, convergeant vers un but unique, absolument comme en optique, le foyer est le point d'intersection où les rayons lumineux se rencontrent pour former l'image. Lisez la biographie des grands hommes, et vous pourrez vous convaincre que la plupart ont abandonné une ou plusieurs carrières pour se jeter résolument dans celle qui devait les conduire à la gloire, et cela seulement soutenus par une force indomptable, les aptitudes non acquises.

Ce besoin insatiable d'apprendre, de découvrir, qui est le propre des hommes supérieurs, des cerveaux les plus différenciés, est une preuve irrécusable de la marche en avant des organisations élevées. Sans cela, quel serait le but de cette puissance occulte, de cette soif d'investigation, poussant un Livingstone à faire abnégation de sa vie et de ses affections au moment du départ et à se condamner volontairement à des souffrances physiques, à des tortures morales, chaque jour renouvelées !

Ce besoin de savoir est d'autant plus répandu que les peuples sont plus civilisés, et la légende biblique nous peignant nos premiers parents chassés du paradis terrestre pour avoir goûté du fruit de l'arbre de la science, renferme une idée sublime, sorte d'avertissement, rappelant au chercheur, sans pouvoir l'en détourner, que l'arbre de la science porte plus d'épines que de fleurs. Néanmoins la curiosité scientifique est et sera toujours le plus puissant levier au service du genre humain.

Peut-être un jour l'examen approfondi du fonctionnement organique considéré dans son ensemble et dans ses parties, permettra-t-il d'établir un calcul de probabilités, sur la courte durée ou la longévité des organes. Nul doute qu'un médecin possédant les commémoratifs nécessaires, et s'appuyant sur les lois de l'hérédité, ne puisse prédire que dans telle famille, tel membre est prédestiné à mourir par le cœur, le poumon ou le cerveau. Peut-être aussi arrivera-t-on à étendre ces données à des groupes entiers.

L'aliénation mentale a fait, sous ce rapport, d'immenses progrès. La folie est héréditaire au même chef que les autres maladies, et les spécialistes savent que, si le cerveau est le siège des lésions principales, il faut souvent rechercher la cause déterminante dans les autres appareils de l'économie et, en particulier, dans le système circulatoire. Des analyses de sang d'aliénés faites au laboratoire de Vaucluse, avec le concours de notre savant ami G. Quesneville, nous ont permis de constater que la quantité d'oxyhémoglobine a toujours été au-dessous du chiffre normal.

Chacun de nous a son point vulnérable, et c'est l'organe prédisposé qui est la première victime. Une insolation rendra fou celui-ci, tandis que celui-là en sera quitte pour un érysipèle ou un simple exanthème. Une vive frayeur fera d'un névropathe un épileptique et un autre ne ressentira que quelques palpitations cardiaques. Le froid engendre, suivant les personnes, une pleurésie, une bronchite, des rhumatismes, une paralysie, une congestion cérébrale ou des hémorrhagies internes. Bien que l'alcool absorbé à hautes doses et chroniquement se localise en nature et de préférence dans le système cérébro-spinal, souvent il fait élection de domicile ailleurs et occasionne des accidents divers. Chez l'un, il détermine le *delirium tremens* avec son horrible cortége de symptômes; chez l'autre, il attaque le foie; et chez un troisième, il amène la dégénérescence athéromateuse des artères. C'est pourquoi, un individu atteint d'alcoolisme chronique peut engendrer des enfants qui, plus tard, présenteront des affections du cerveau, du foie ou du cœur.

La prédisposition est une diminution de la résistance organique, ne s'opposant plus assez efficacement à la dégénérescence (cirrhose du foie en présence de l'acool), à l'invasion des principes morbides, et l'hérédité remonte ensuite à une époque ancienne, qui est de date embryogénique.

Comme on le voit, par cette ébauche à peine dégrossie, la suprématie des premiers-nés s'affirme souvent; elle n'est pas un fait à dédaigner en biologie.

Scientifiquement, ce sont les premiers pas d'un enfant essayant de gravir un sentier abrupt, et, si j'ai trébuché quelquefois, rien de plus naturel, vu la difficulté de l'ascension que j'ai entreprise sans atteindre le sommet. Enfin c'est une modeste graine que j'essaierai de faire fructifier plus tard.

(286) Imp. Jobard.

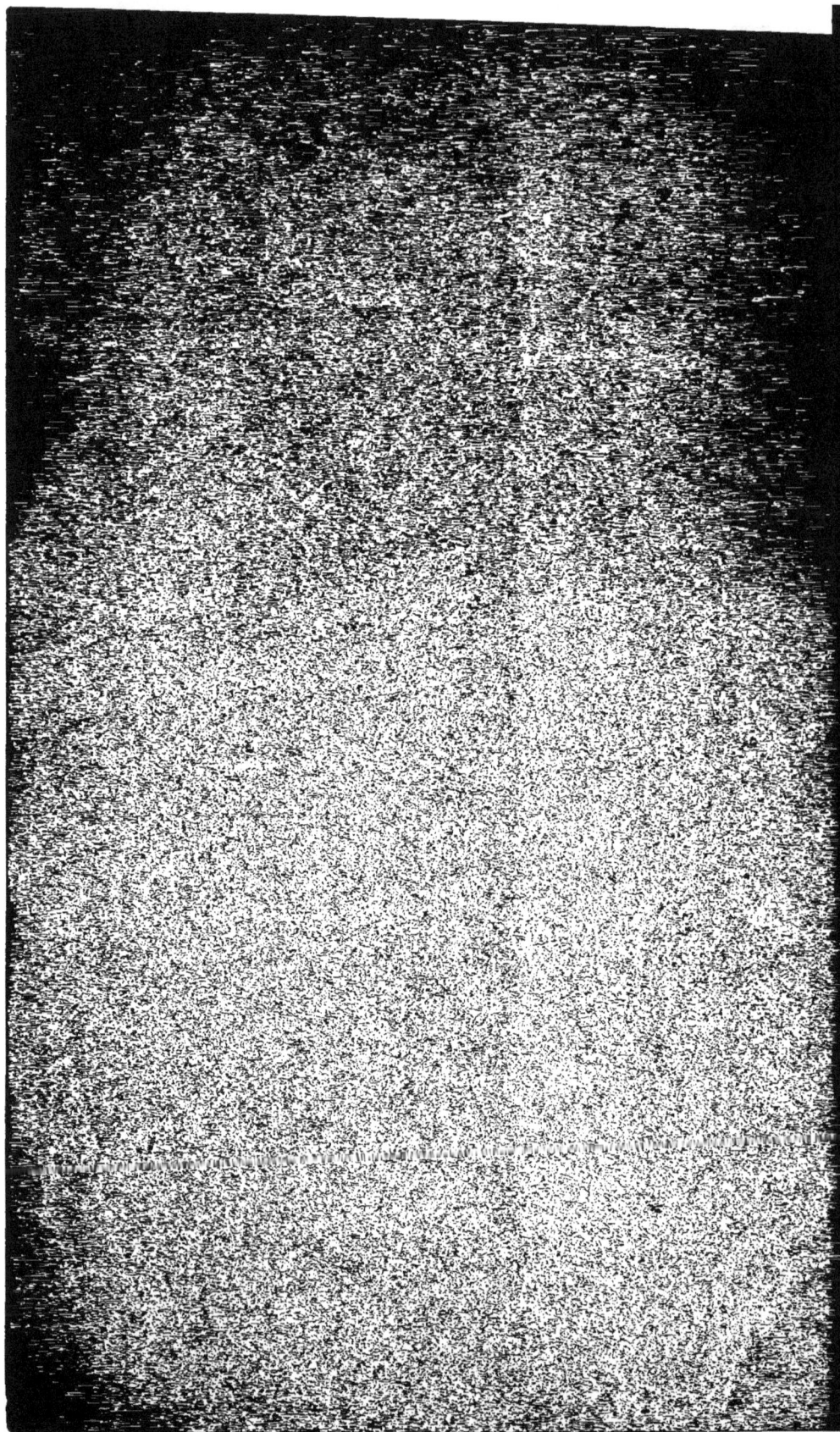

www.ingramcontent.com/pod-product-compliance
Lightning Source LLC
Chambersburg PA
CBHW050551210326
41520CB00012B/2810